钟表传奇

名侦探徐不工

徐不工 编著

中国纺织出版社有限公司　国家一级出版社　全国百佳图书出版单位

钟表传奇：

名侦探徐不工

徐不工 编著

中国纺织出版社有限公司

内 容 提 要

　　许多著名的钟表既是艺术的瑰宝，又是历史的见证。它们是先人留给我们的文化遗产、珍奇物品，在这上面沉积着无数的历史、文化、社会信息，是全人类的精神财富。追随着侦探徐不工穿越时空的冒险经历，9件古今中外的世界名表背后鲜为人知的故事在读者眼前徐徐展开：百达翡丽怀表渗透着商家智慧，真力时计时码表传达出不屈精神，腕表的发明体现了创新意识，"大八件"怀表展示了民生百态……这些艺术品无不透露出精益求精的匠人精神。让我们翻开本书，在生动、幽默的漫画中身临其境地了解钟表的发展历史和精彩故事。

图书在版编目（CIP）数据

　　钟表传奇：名侦探徐不工 / 徐不工编著. -- 北京：中国纺织出版社有限公司，2022.1

　　ISBN 978-7-5180-8906-2

　　Ⅰ．①钟…　Ⅱ．①徐…　Ⅲ．①钟表—世界—图集　Ⅳ．①TH714.5-64

　　中国版本图书馆CIP数据核字（2021）第190765号

责任编辑：闫　星　　责任校对：高　涵　　责任印制：储志伟

中国纺织出版社有限公司出版发行

地址：北京市朝阳区百子湾东里A407号楼　邮政编码：100124

销售电话：010—67004422　传真：010—87155801

http://www.c-textilep.com

中国纺织出版社天猫旗舰店

官方微博 http://weibo.com/2119887771

北京市金木堂数码科技有限公司印刷　　　各地新华书店经销

2022年1月第1版第1次印刷

开本：880×1230　1/32　印张：7.25

字数：112千字　定价：88.00元

谨以本书献给所有热爱钟表、热爱冒险的朋友！

序

买表其实是特别自私的事儿，尤其是在今天的生活和工作中，手机早就是阅读准确时间以及进行一切交流的载体，而在以往需要功能性手表的专业领域：从飞船、飞机、汽车等交通工具的驾驶，到速度赛事、潜水活动、强磁力技术等兴趣和工作的使用，指示时间的方式也都被集成或细分到各种电子装置和更精准小众的外部设备上。

所以啊，买一只手表，到底图什么？就我个人而言，研究和喜爱它们，是我日常工作中必备的节奏，因此带来的额外赠送之礼，则是不同手表所带给我的精神陪伴。或是某段经历的纪念，或是某个瞬间勾起了对旧事的回忆。一只表，虽有它的专属之美，但更应有我自己独特的故事和理解蒸腾着它、笼罩着它，这是我买每一只表的意义所在。

本系列漫画也正是由我个人的一则想法而起：一只机械手表，从几百元到几千万元，其实都可以看到齿轮的运转和能量与结构的亭台楼阁、起承转合。而理性之外，方寸表盘带给我们的，更多是其背后的故事——或悲叹命运的历史，或令人啧啧的传奇，这些才是更值得我们记忆的东西。我喜欢这些精彩的故事，它们真实发生过，也值得不断用不同的、好玩的方式记录下来。

故事里的手表，是历史一瞬中的升华，由前人书写和传颂。而我们自己的手表，无论贵贱，却是专属自私之美，这种美的享受和回味，是很有意思的。

最后，特别感谢我司在本书制作中付出努力的同事们和出版社同仁们，大家对内容设计、细节的意见和勘误，让我这样一个编辑出版专业毕业，又从传统平面媒体转战新媒体多年的媒体人，再次回归到本应一丝不苟的内容制作中，这是一种很开心的回归。祝看本书的读者都能凭自己的实力，多多买好表。

目　录

I

————◆————

1872 年

Gondolo 系列怀表
(Chronometro Gondolo)

"百达翡丽白拿"事件

我是名侦探徐不工，每天我一睡醒，身边就会发生各种谜题等待我去破解！

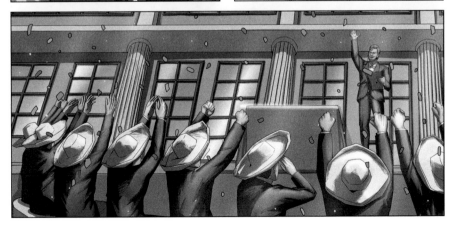

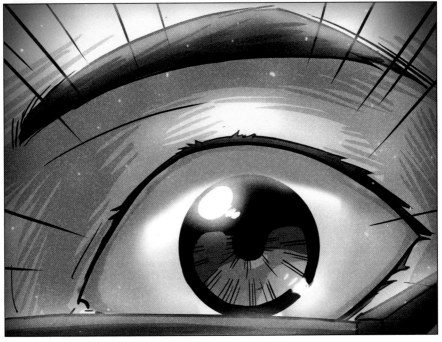

以下为 PP Gondolo 怀表 事件真实历史

1872 年，百达翡丽品质上乘的怀表第一次进入南美，在 11 月 12 日抵达了里约热内卢的 Gondolo & Labouriau 珠宝店，开始了和这家南美著名珠宝店的合作。

(Gondolo & Labouriau 珠宝店)

然而 19 世纪末期是美国制表业的黄金时代，由于美国采用了大规模机械化生产和零件标准化，使得欧洲表商总体上在质量和价格两方面都无法和美国同行竞争。百达翡丽在那时的销量并不是很好，在南美几乎很难开拓市场，于是这个巴西珠宝商想出了一个妙计，推出南美市场特定表款并以游戏博弈的方式进行销售。

这个定制的表款就是 Gondolo 系列怀表 (Chronometro Gondolo)

这款怀表在里约热内卢的上市价格是 790 法郎，等同于当时当地一位熟练技工一年的收入。为尽快打开市场，珠宝店牵头成立了一个名为"百达翡丽"的俱乐部，会员限定 180 名。

▶ **1904 年的 Gondolo 系列怀表**

会员俱乐部每周举行一次活动, 如聚餐、郊游、打猎等, 活动后抽奖, 奖品就是一只百达翡丽 Gondolo 怀表。抽奖共进行 79 次, 第一位中奖者不花一分钱把表带回家, 然后每个人每周为抽奖缴付 10 法郎, 第二位到第七十九位幸运儿分别以 10~780 法郎的代价得到爱表。剩下 101 位则须再付 790 法郎买表。

就这样, 百达翡丽在南美市场声誉渐隆。

到了 20 世纪 90 年代, 为了纪念这一市场的建立和与这家巴西珠宝店的合作, 百达翡丽特意用"Gondolo"命名了一个腕表系列, 足见巴西于百达翡丽的意义。

II

1969 年

真力时

El Primero 计时码表

"神秘阁楼"事件

我是名侦探徐不工，每天我一睡醒，身边就会发生各种谜题等待我去破解！

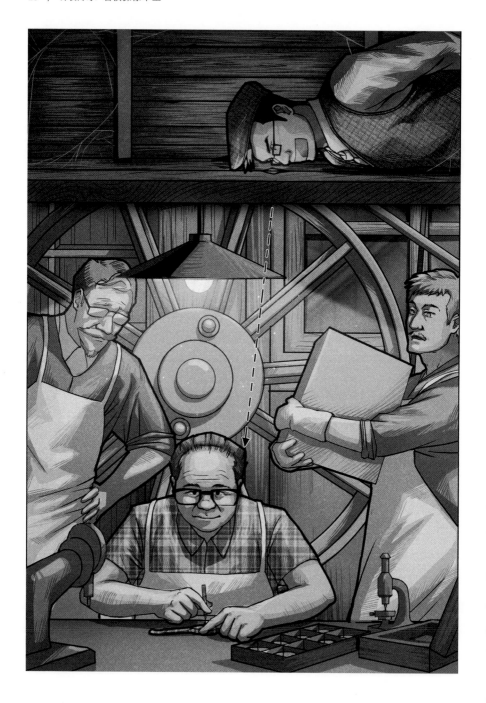

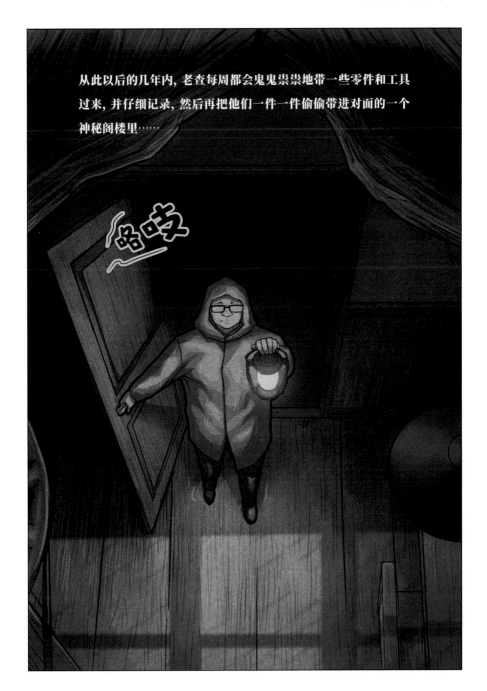

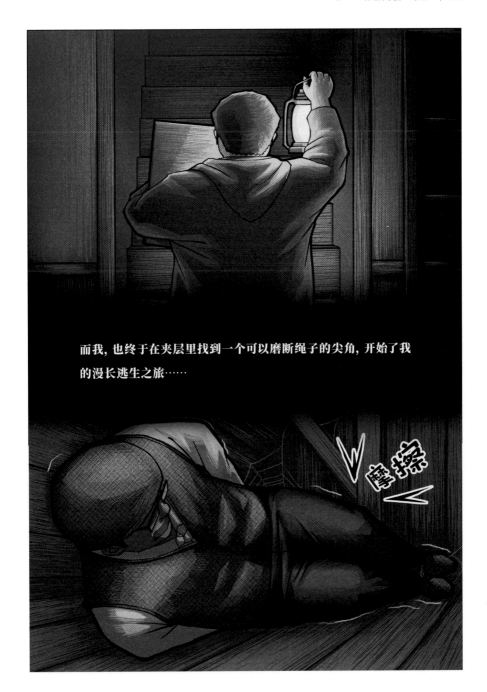

而我，也终于在夹层里找到一个可以磨断绳子的尖角，开始了我的漫长逃生之旅……

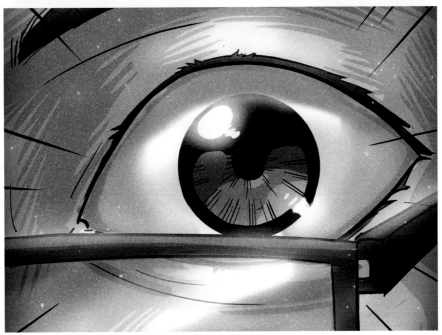

以下为真力时El Primero真实历史

1969 年 El Primero 计时码表的问世，开启了真力时在高频计时领域的辉煌。El Primero 在西班牙语中意为"第一"，实至名归。

然而，当"石英危机"席卷瑞士制表业，真力时总部决定将包括 El Primero 在内的大量机芯停产和销毁。

它的诞生经历了整整七年的探索与研发，是历史上首枚整合式自动上链导柱轮计时码表机芯，卓越的高振频使它成为当时唯一能够精准测量到1/10秒的表款，在机械表领域具有里程碑式的特殊意义。

但一位名为查尔斯·维尔莫的普通制表工人，毅然将所有技术图纸与零件藏于一间不起眼的阁楼中，使这枚卓越的机芯免遭摧毁，也为机械表的复兴埋下了希望的种子。

风波平息后，他又第一时间呈现藏于这间阁楼的"秘密"。他的英勇无畏，使 El Primero 在 1984 年获得奇迹般的重生，更使原本一蹶不振的机械表业重燃活力。

徐不工聊两句：

关于"第一枚"自动计时机芯的诞生，其实坊间一直存在争论。20 世纪 90 年代那阵，因为没有任何一个公司有实力独立研发，所以钟表圈诞生两大阵营（一为"真力时 + 摩凡陀"组成的联盟，另一为"百年灵 + 汉米尔顿 + 豪雅"等品牌组成的联盟），两派各施各法，却不约而同在 1969 年宣布成功创制了第一枚自动计时机芯。单纯从时间上来说，百年灵那一方更早，但也有很多人说那枚 Calibre 11 自动计时机芯只是加上模组的改编之作，而真力时这一方的 El Primero 原型机芯才是从无到有的全新机芯。关于这个话题的争论到现在也没有停止，而且更甚的是大家又发现原来同样在 1969 年，地球这一边的精工也研发出了比瑞士机芯更小的 Cal.6139……

所以啊，这三枚机芯，不光是争第一，更有趣的看点是他们各自独立制作，却又用不同的方式完成了"自动计时机芯"，历史真的是很巧合。

III

1910 年

含有镭夜光颜料的表盘和指针

"恐怖镭姑娘"事件

我是名侦探徐不工，每天我一睡醒，身边就会发生各种谜题等待我去破解！

哦，感谢您的解释，可我还是想问，刚才那些恐怖的，不，美丽的女士们的脸上，到底是什么东西，怪吓人的……

徐不工先生，你是男人自然不了解，这和工作无关，这是目前美国最时尚的镭面膜，里面添加了天然的镭和其他放射性元素，能够帮助我们的皮肤增添活力呢。

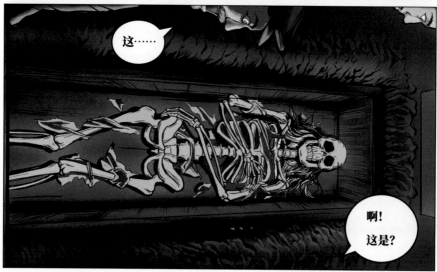

我明白了, 原来是这样!

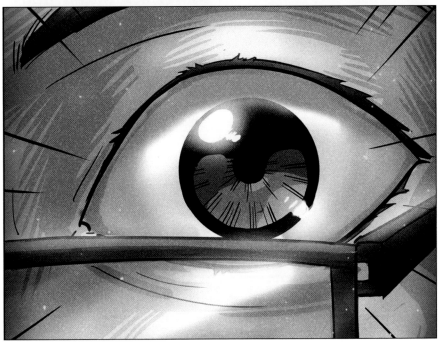

以下为
本事件真实历史

1928年3月末，在一个寒冷的雨夜里，一具已经入土5年的美国女孩的尸骨被开棺验尸。死者名叫艾米丽·马基亚(史称"镭姑娘")，去世时刚满25岁。当棺木打开时，围观的人群中响起了一片惊呼，因为他们惊奇地看到，死者的遗骨居然隐约地发出荧光。这不是一个鬼故事，相反，这是一桩奇案——一个有关人类怎样"科学花样作死"的故事。

1910年，居里夫人第一次用电解氯化镭的方式制成了纯净的金属镭。作为一种放射性极强的元素，人们惊叹于它发出的射线的神奇，尤其是当X光机在一战的战场治疗中大显身手之后，公众对于镭的

崇拜更是达到了疯狂的程度。虽然居里夫人曾经提醒人们"我们对这种新元素并不熟悉，需要谨慎"，但这一理性的声音很快就被商人们的夸大宣传所掩盖——当时的舆论将镭所发出的辐射称为"天使射线"，各色含镭产品被相继推出，一场令后世哭笑不得的"镭狂欢"开始了。

首先被推出的是含镭的化妆品。在实验中，居里夫人的部分皮肤曾因受到过量放射而坏死、脱落、长出新皮，于是一些"发明家"立刻在化妆品中加入镭，并声称该化妆品有返老还童、令皮肤焕发第二春的神奇功效。除这些镭粉底、镭口红外，还有不良商家举一反三，发明了含镭的牙膏，声称该牙膏具有杀菌(这倒是真的，但不能如此简单使用)和漂白牙齿的功效，结果同样供不应求。玩具商们也不甘落后，推出了"放射玩具"。美国还有厂商推出了含镭巧克力，让消费者干脆把镭吃进肚子里"保健"。医院和酒吧里甚至新增了"镭水"，供患者和酒客们品用。

类似的还有含镭面包、含镭冰激凌、镭内裤、镭避孕套等，这些产品除

了被吹嘘能够"壮阳"外，还因为镭在无光线的情况下会发出淡淡的荧光，可以帮

助人们在夜间"急需"时轻易找到它们。

而上文的"镭姑娘"正是这场狂欢的牺牲品。艾米丽生前在"美国镭公司"工作了四年，负责给手表表盘和指针涂上含镭的夜光颜料，为了在细小的零件上涂准位置，她总是习惯性地用舌头舔一下毛笔尖。

1921年，也就是她在镭公司的最后一年，她突然体重下降、关节疼痛，丧失工作能力的艾米丽很快被辞退。第二年，艾米丽的下巴几乎脱落，接着是严重的贫血和不断地吐血。1923年，艾米丽停止了呼吸，由于厂方的压力和当时医学对放射危害认识的不足，她的死亡报告上写的死因居然是胃溃疡，而同样病症的女工也得不到法律的支援……

几年后，一个出人意料的神转折出现了。当时，一位百万富翁在医生的推荐下每天喝镭水"保健"，数年内喝下的上千瓶镭水最终要了这位富翁的命。死前他立下遗嘱，捐出自己的万贯家财成立基金会，要把问题追查明白。在这笔钱的支持下，对放射性元素危害的研究终于冲破大公司的阻碍全面展开。如山的铁证面前，"美国镭公司"等一批企业终于低头认错。

"如果我得到了赔偿，我可以给自己的葬礼多买点玫瑰花吗？"这是一位受害女孩在诉讼中对律师说的话，时至今日，读来仍令人心酸。

* 相关历史资料参考自多家报纸及杂志

IV

1959 年

DS-2 Super PH500m 潜水表

"深海穿越"事件

我是名侦探徐不工，每天我一睡醒，身边就会发生各种谜题等待我去破解！

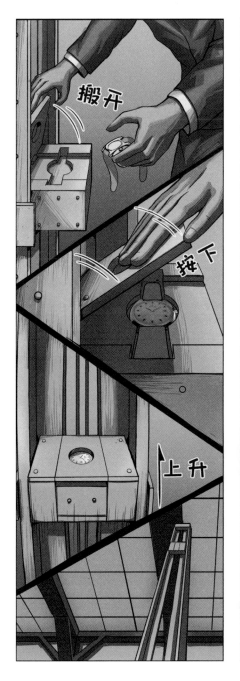

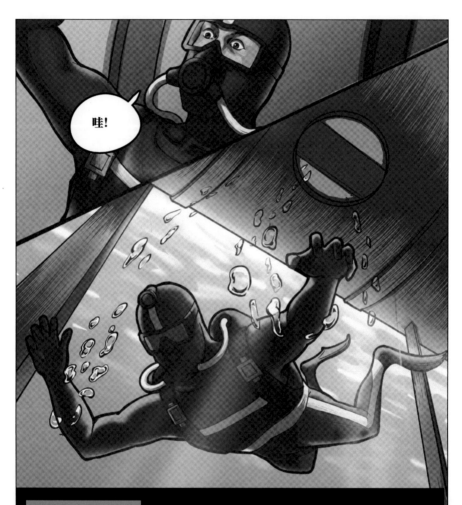

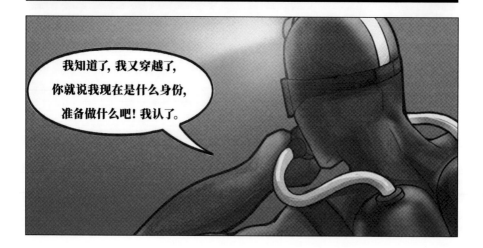

无线电通信：华子

> 不工，你正处于美国维京群岛下的海底实验站，这是美国海军研究局与 NASA 共同合作的科研项目 Tektite，你和另外三名深海科研人员已经进行了快两个月的海洋实验，你看看你的手表，这可是最新型的 DS-2 Super PH500m 潜水表，这只表可以下潜到 500 米水下，你们的设备真是非常专业啊。

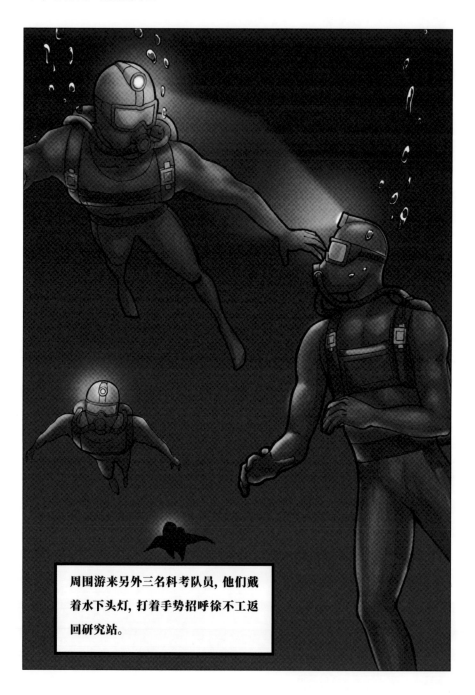

周围游来另外三名科考队员，他们戴着水下头灯，打着手势招呼徐不工返回研究站。

我明白了, 原来是这样!

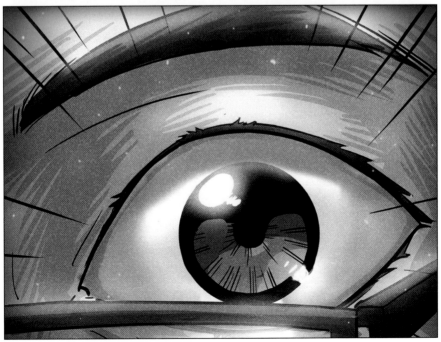

以下为
本事件真实历史

1959年之前，自动上弦计时器(自动腕表)仅能承受从1.8~2.2米高空跌落的冲击力，而雪铁纳品牌先驱Hans和Erwin Kurth希望凭借设定行业标准的更高品质，从竞争中脱颖而出。这让他们萌生了在腕表制造中使用具有强悍防护性的机芯的想法，这也标志着雪铁纳革新技术——DS(双保险)技术的问世。这一技术一举将手表的跌落指标提升至6米，引发热烈反响，官方甚至专门制作了一台跌落测试机，在展会上向公众公开测试配备DS双保险技术的雪铁纳腕表……

海豚塔菲 (Tuffy)

在上个世纪60年代初，为了海洋生态研究、潜水员和宇航员训练、人类学研究等众多科研目的，各种科研与政府机构设计建立了一系列海底实验站——海洋实验站SEALAB就是众多水下实验站中很有名的一项。它由美国海军设计建立，整个项目分三期。其中最为有趣的是第二期（SEALAB Ⅱ），因为首次有萌神海豚塔菲（Tuffy）的参与。

海洋实验站 SEALAB

1965年8月28日，SEALAB Ⅱ正式启动。三组科学家、宇航员分批跟随SEALAB Ⅱ实验站潜入62米深的海底，开始了每批次15天的深海科研。科考队员除了需要记录自己生理指标的变化，与世隔绝环境中的心理变化，还要训练塔菲进行水下物资运输、水下救援等。实验的成功获得了当时美国总统林登·约翰逊的亲自贺电。参与此次科研项目的挪威研究员雅克布森博士在SEALAB Ⅱ实验中全程佩戴了雪铁纳DS-1腕表。在后来的测评反馈中，雅克布森博士兴奋地说道："海底实验时，我每天多次进出经过特殊增压的潜水舱，而这只腕表却不需要任何防护措施!"

另一项被载入海洋探索史册的海底实验站叫作玻陨石基地(Tektite)。这一伟大的项目在美国海军研究局与美国国家航空航天局(NASA)的共同注资与督导下完成。1969年2月15日,Tektite在美国维京群岛下潜至15米深的海底,四名深海科研人员开始了为期2个月的海洋实验,并创造了深海饱和潜水(潜水舱充满氦气)时间最长的世界纪录(58天)。海底实验完成后,潜水舱需要经过至少19个小时的漫长减压环节,才可以保证所有工作人员安全返回陆地。

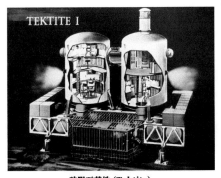

玻陨石基地(Tektite)

而这一次陪伴和辅助四名科考队员的精密计时器是雪铁纳DS-2 Super PH500m潜水表,其DS双保险技术是深潜时氧气瓶余氧时间精密计算的保障。更令人骄傲的是,后续腕表测评中,这只出色的腕表在13个详细测评类目中,获得了骄人成绩。这些测评反馈应用到了下一代潜水表的开发中,如此便有了1970年巴塞尔表展上闪亮登场的雪铁纳DS-3 Super PH1000m潜水表,其防水深度达到1000米,成为雪铁纳现代潜水表动能系列的先行者。

V

布尔战争时代

英国军方 55 毫米怀表

"战争 VS 腕表"事件

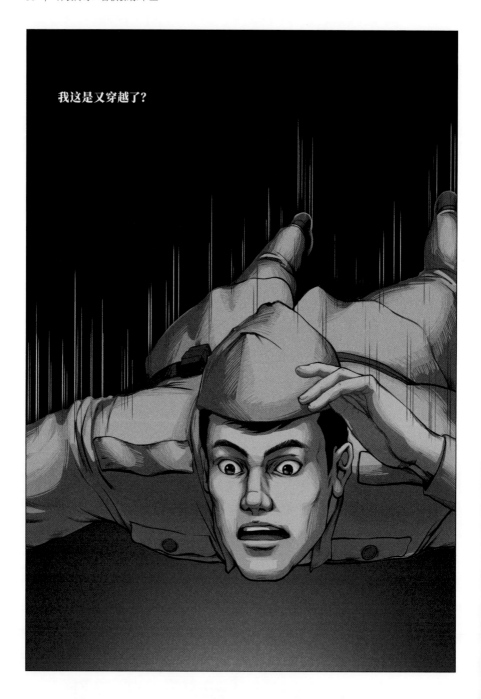

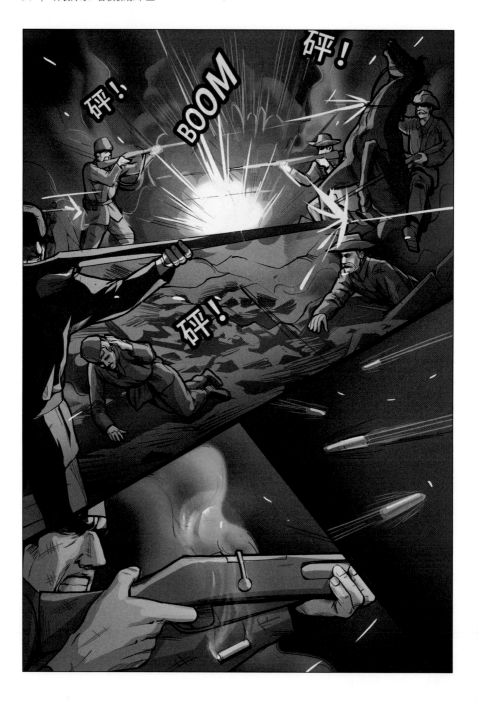

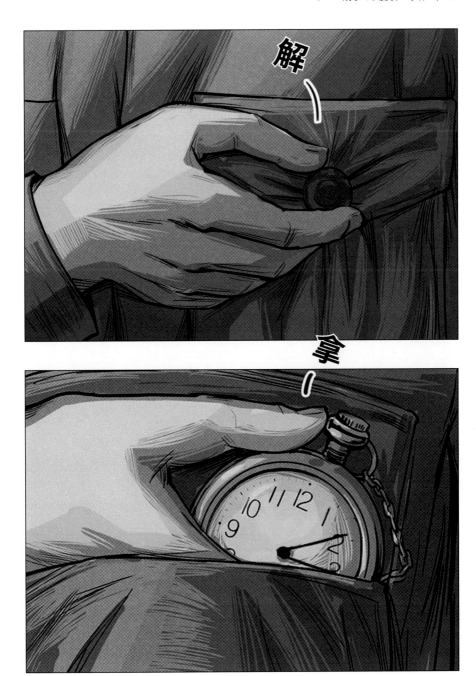

第一步：用铁丝制作两个表耳。

第二步：将两个表耳焊接在怀表的 6 点和 12 点位。

第三步：截取超过手腕周长的条状皮带，作为表带。

第四步：将表带系于一端表耳，环绕手腕，再穿过另一端表耳，打个结。

在后来的作战中，
迈克尔和徐不工手戴怀表做成的腕表，
作战如有神助。
不但避开了敌人的炮火，
还屡屡立下战功。

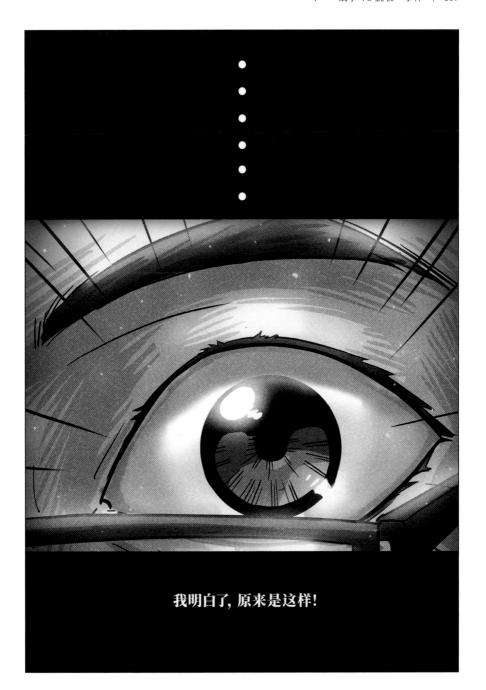

以下为
本事件真实历史

20 世纪之前，"腕表"还指的是作为饰品挂在表链上的小钟表，几乎完全由女性佩戴，而男人觉得那样太女性化，作为计时工具也不可靠。

19 世纪末的女式珐琅链表

然而，从第二次布尔战争（1899—1902）开始，士兵们为了应急，将怀表焊接在钢丝的表耳上，再连接到皮革表带上，这样可以佩戴于腕上，释放双手作业于必要的作战工作，减少了很多不必要的伤亡。

死于斯皮恩科普的英军，摄于 1900 年 1 月

但是，直到"一战"之前，在欧洲，怀表还是标准的计时工具，许多"非战"人士，如话务员、电报员等新兴职业从业者都使用怀表。

布尔战争时期英国军方 55 毫米怀表

随着"一战"对手表市场的需求，实际上到 1915 年，很多诗歌散文里都提到了手表，这标志着手表不再是女人的专利，也开始属于战场上的士兵。

1917 年起，英国军方的确发放了一定数量的军表，这批军表的标配是一个镀镭的夜光表盘和一个不易破损的玻璃表镜，底盖刻有宽箭头标志和序列号。更多采用旋入式底盖如 Dennison 或 Borgel 表厂的类型。一般使用瑞士制造手表，或瑞士机芯和英制表壳的组合。

但是，它们还是仅发放给信号工、工

DENNISON 钟表广告, 约 1915 年

程师等人员，并未发给全体士兵。"一战"后，许多男士继续使用腕表，腕表这个配件于是成为主流，并大规模地取代了怀表的地位。

啊……案子破完好累呀！
我又困了，好吧，今天就这样吧。

VI

1885 年

世界时怀表

"火车相撞"事件

我是名侦探徐不工，每天我一睡醒，身边就会发生各种谜题等待我去破解！

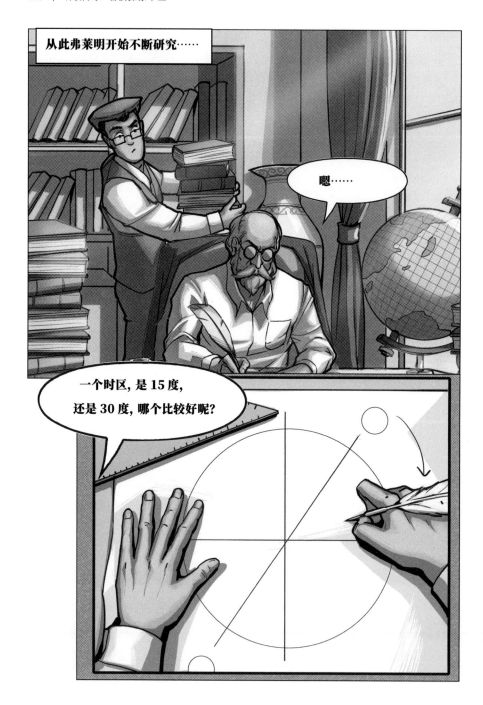

来自哈利法克斯的列车“杉树号”
这两列出发地相距甚远的列车，终究还是大意了。
来自温哥华的列车“东部特快”

1879 年，桑福德·弗莱明提出了世界时区 (TIME ZONE) 分隔设想，绘制出了世界时怀表的设计草图。

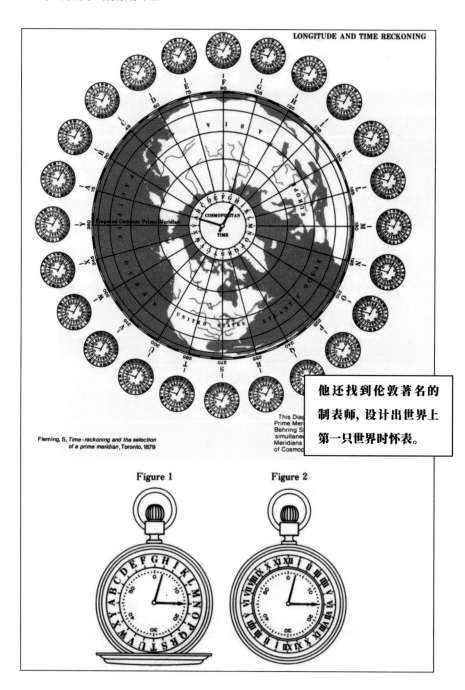

他还找到伦敦著名的制表师，设计出世界上第一只世界时怀表。

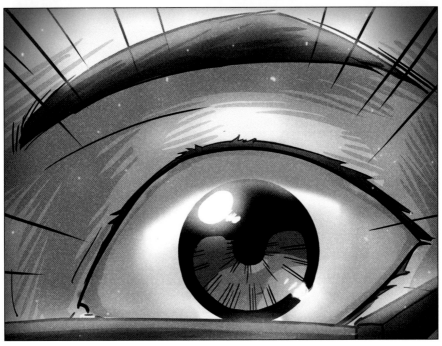

以下为
本事件真实历史

发生事故的火车

19世纪繁忙的街头

19世纪初，世界时间的雏形尚且模糊。但是，随着跨地域联系越来越紧密，交流越来越频繁，世界时观念实际上已逐渐成为世界交通、经济、安全领域不可忽视的要素。

一次，加拿大的两个来自不同时间城市的列车由于"跨时区时差"没有协调好，而发生了惨烈的相撞。

这件事引起了极大轰动，为此，当时在加拿大太平洋铁路公司担任工程师的桑福德·弗莱明先生决心改变现状。

经过对世界各国时间的仔细计算和合理设想，他于1876年将世界时间归纳为24个，全球以每15度经度为同一时区，

他还找了伦敦的制表师制作了一只面盘上同时显示24个时区时间的怀表，这是世界上第一只真正的世界时怀表。

起初，由于人们的保守观念，他的推广工作障碍重重，只有国际贸易商人或者类似他这样的工作者才会认可世界时概

桑福德·弗莱明（Sanford Fleming）
和他的孩子

带有世界时的怀表

大放异彩, 它在100多年来经过了几次重大改进与修订, 但其基本理论核心保持不变, 弗莱明他老人家的智慧精神一直与我们同在。

念。但随着他携世界时区概念 (TIME ZONE)不遗余力地奔走推广, 这一概念终于在1884年的国际子午线会议上获得国际承认, 并于 1885 年1 月 1 日起正式实施。

此后, 世界时概念成为世界陆运、航海、航空、航天、经济、军事、科技领域不可或缺的重要理论基础, 在世界舞台上

国际子午线会议

啊……案子破完好累呀!
我又困了, 好吧, 今天就这样吧。

END

VII

1783 年

复刻版宝玑 No.1160

玛丽·安托瓦内特怀表

"玛丽皇后"事件

我是名侦探徐不工，每天我一睡醒，身边就会发生各种谜题等待我去破解！

1783 年 法国巴黎

钟表堤岸 宝玑制表工坊

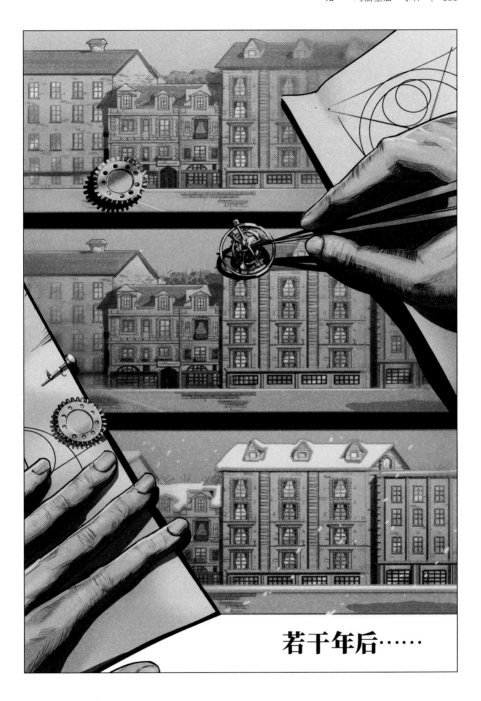

若干年后……

宝玑 No.160 玛丽·安托瓦内特怀表

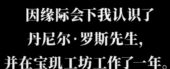

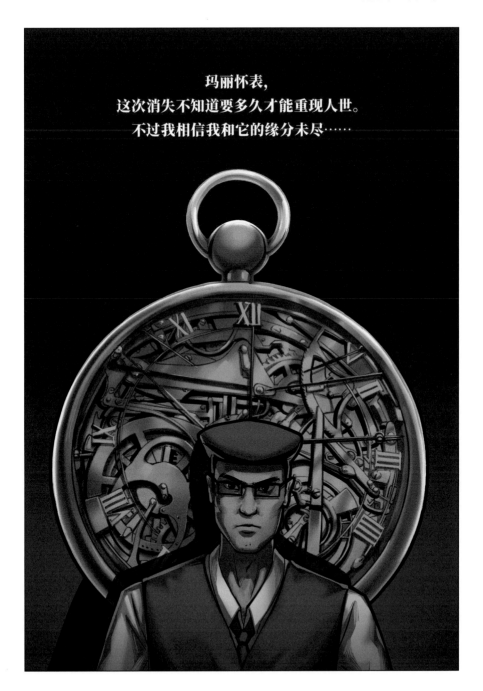

我太熟悉了!宝玑两代人的心血!没错,这就是我印象中的玛丽怀表,您完美复刻了它!无论是分钟三问报时,还是日历、周历月历和闰年完整万年历显示,甚至是天文时差显示、动力储备时间显示等各种复杂深邃的功能都和之前一模一样!此外,金属温度计、独立大秒针,还有在当时堪称领先群雄的微型秒钟显示盘、锚形擒纵装置、黄金游丝、安全防震装置等一系列强大的功能设置都一一还原……

最终经过海耶克先生的运筹帷幄,
这只复刻怀表终于以完美形态
呈现于大家眼前……

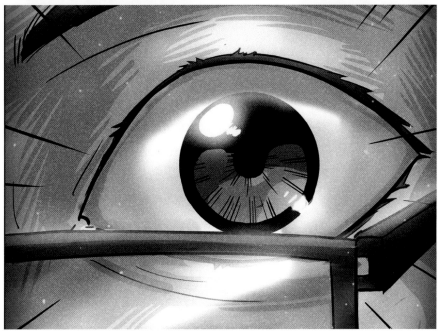

以下为
本事件真实历史

1783年，宝玑接到了一项特殊使命：皇后卫队的一位匿名军官订购了一款怀表，要求它要运用上当时所有的制表技艺，并具有所有可能的复杂钟表功能。无须节省任何费用，没有任何时间期限，只要求尽可能在各个部位用黄金代替其他金属。

阿伯拉罕·路易·宝玑画像

"所有可能的复杂功能"中最重要的是天文和年历显示，日历、周历、月份、四年循环周期显示，天文时差……简而言

之，就是要求宝玑在几平方厘米的体积内制造一款如教堂大钟般复杂的机械。钟表大师全情投入工作，最终成果就是石破天惊的传奇之作——编号No.160的"Marie-Antoinette（玛丽·安托瓦内特）"怀表。

复刻版宝玑 No.1160
玛丽·安托瓦内特怀表

但可惜的是它直到1827年才最终完成，不仅玛丽皇后本人没有亲眼看到这只表的真正成品，就连宝玑先生也已经于1823年9月逝世[因为法国大革命等诸多原因，这只表的制造工作多次被打断并搁置很长时间，完成时已经是宝玑的儿子Antoine-Louis Breguet（安托万·路易·宝玑）在管理公司业务了]。

但无论如何，No.160号表是钟表制

造史上的惊世杰作,这款杰作比它的创造者更加长寿而且与时俱进,同时也是宝玑事业和公司历史上的里程碑。这只表包括分钟三问报时,完整的万年历,显示日历、周历和月历,天文时差、动力储备时间显示,金属温度计,独立大秒针(使这款表成为第一只精密天文计时表),微型秒钟显示盘,锚形擒纵装置,黄金游丝,安全防震装置等功能。它完全达到且远远超额完成最初订单合同的各项任务,1827年最终成品出厂时,所有制造和加工费用总和是一个天文数字——17000金法郎。

法国皇后
玛丽·安托瓦内特画像

这个故事本已是一段传奇,而接下来发生的事情却更加神秘莫测:此表后来被神秘人物买走,却在1838年又回到公司——当时Marquis de La Groye侯爵带着这只表来公司进行维修保养。当时他似乎是这只表的主人,他在什么时候用什么价格购得了这只表?他真的购买了这只表吗?或者是宝玑将表给了他?这都是一个谜(其时Marquis de La Groye侯爵已经上了年纪,但他年轻时却是玛丽皇后卫队的一名侍卫)。

更加让人费解的是侯爵先生再也没有回来取这只表,他死后也没有子嗣和亲属来继承这笔财产。既然没有人来认领,这只表就一直保存在宝玑公司的仓库中。后来,这只命运曲折多舛的钟表,成为大卫·所罗门爵士(Sir David Salomons)的私人收藏。1925年,所罗门爵士去世,他的女儿Vera Frances Bryce Salomons继承了该表。时光流逝,1965年Vera决定创办一座伊斯兰艺术博物馆,她将自己所有的收藏品都捐赠给了伊斯兰艺术博物馆,也包括从父亲那里继承来的所有西方钟表收藏品。

伊斯兰艺术博物馆
（原 L.A. Mayer 伊斯兰艺术博物馆）

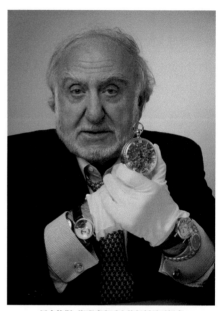

尼古拉斯·海耶克和手上的复刻玛丽怀表

至此，这件钟表珍品本因成为艺术的一部分而被永久记忆，但更加匪夷所思的事情发生了。1983 年 4 月 16 日，一个令钟表行家震惊的消息诞生，位于耶路撒冷的 L. A. Mayer 伊斯兰艺术博物馆由于警卫力量的薄弱而被窃贼登堂入室，所有的钟表收藏品被洗劫一空！玛丽怀表自然也在其中……

之后，Swatch 集团创始人尼古拉斯·海耶克先生复兴了宝玑腕表，且他在 2005 年大胆挑战自我，决定完全复刻 "Marie-Antoinette" 表。而正当这款复刻作品于 2007 年完工之际，那只于 1983 年神秘消失于耶路撒冷的玛丽怀表却奇迹般地被寻回！虽然直至今日，宝玑公司对这只表的真伪仍在一丝不苟的验证中，但这无疑又为此表增加了传奇般的一笔，且它注定还将在未来，成为人们谈论的不朽话题。

VIII

中国清朝时期

大八件怀表

"清宫太监"事件

1900 年 紫禁城

山西晋中

曹家大院

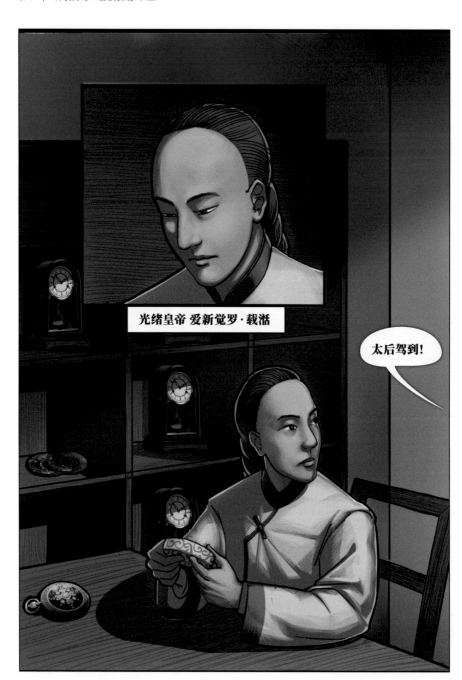

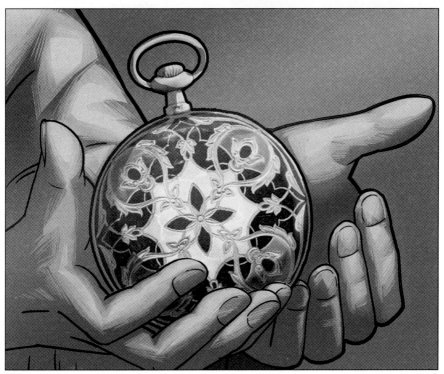

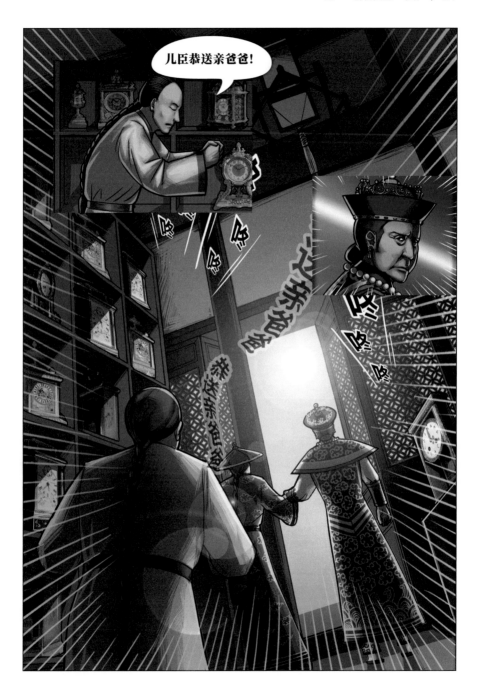

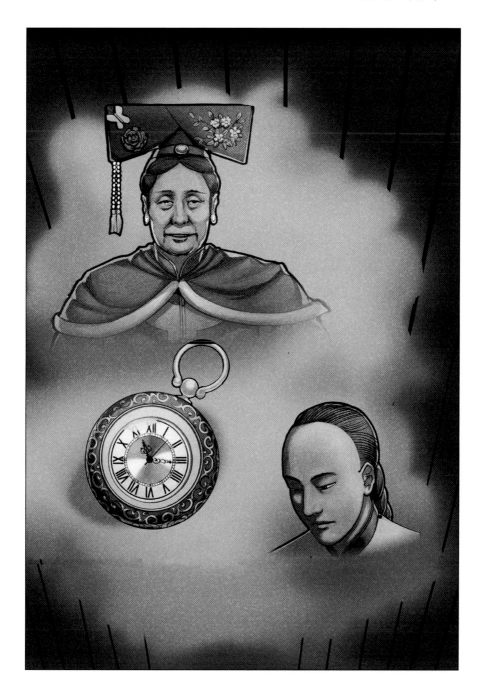

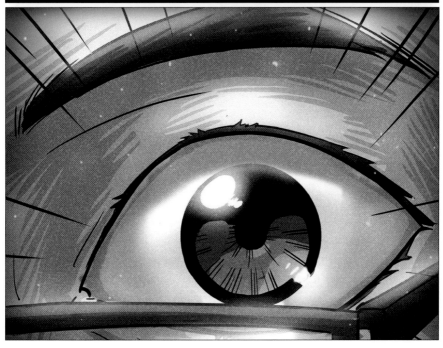

以下为
本事件真实历史

清政府的闭关政策，没有实现保护皇帝极权统治的意图，反而使中国社会经济政治落后于世界，成为鸦片战争及后来的八国联军侵华战争的诱因。同时，西方钟表在清朝统治者的偏好下，以及民间隔绝不断的贸易中，传入了中国。

其中的大八件，就是中国人讨论怀表时经常提及的用语。

所谓大八件，指的是 1780 年—1911 年，英国、瑞士等西方国家专为中国市场生产的东方艺术文化怀表，它们最早被进贡给清朝皇帝，并从宫廷传入民间。

18K 粉红底双鸽百花图珠边珐琅
采用英式宝石"铜间齿轮"擒纵系统
属于早期大八件

康熙、乾隆、嘉庆，相爱相杀的慈禧与光绪帝，以及末代皇帝溥仪，都曾是大八件及西方钟表的爱好者和收藏家，如痴迷钟表的慈禧曾经在卧室里摆放 15 只复古座钟，每日欣赏钟鸣齐放；嗜好钟表的光绪帝，则疑似总是随身佩戴一只由播威出品的大八件怀表。

其实，自 1644 年清朝统治者入主紫禁城后，西方钟表便不断进入皇家，历史上的清宫绘画也不时出现钟表的身影，有一套 12 幅画极为出名，称为《雍亲王题书堂深居图屏》，俗称"十二美人图"。

其中两幅有钟表的画面出现，说明当

《孝钦显皇后对弈图轴》
右慈禧，左多考据为光绪皇帝
腰间佩戴物形如播威古董怀表

时的钟表在王公贵族群体中，已经是家居
陈设和鉴赏把玩的重要物品。

《雍亲王题书堂深居图屏》之一
北京故宫博物院收藏

《雍亲王题书堂深居图屏》之二
北京故宫博物院收藏

　　画面之一是女子手中的珐琅表，看上去个头不小，符合 18 世纪初期表的形态。

　　画面之二是书架旁的座钟，细看则以珐琅工艺装饰。

《大公主大阿哥庭院游戏图轴》
北京故宫博物院收藏

进入 19 世纪，戴表之风已然在宫廷流行，且看《大公主大阿哥庭院游戏图轴》，男孩腰间的白表面显示出这是一只怀表。画中人自是王孙贵族，乃嘉庆帝的长孙和长孙女——奕纬阿哥和端悯格格，其中大阿哥奕纬腰上就挂着只怀表。

大八件的名称来由，则是因为当时这批怀表中配备的是欧洲专为中国市场制造的"中式机芯（Chinese Caliber）"，这种机芯由一个发条轮和七块夹板等八个主要部件组成，而"八"被中国人认为是"发"的谐音，"大八件"因此得名，并从 18 世纪末沿用至今。

大八件怀表的表壳通常有纯银和珐琅彩两种，多数是银壳，珐琅彩极为稀少，非普罗大众可拥有。大八件之所以珍贵，除了精美的工艺与时代意义的象征之外，还因为其精密的机芯。每枚同样属性的大八件，从外型上来看差不多，但机芯内部有玄机，擒纵器的类别、造型、机芯夹板的材质、美化装饰等，皆自成一格，几乎没有两个大八件的机芯是完全相同的，其原因当然就在于它们都为手工制造。

我国钟表权威收藏家矫大羽就曾评价过，"大八件的质量之精、造型之美、变化之奇、数量之多、涵盖面之广，是钟表发展史上的奇迹"。

啊……案子破完好累呀！
我又困了，好吧，今天就这样吧。

IX

1870 年

欧米茄超霸系列专业计时表

"太空惊魂"事件

我是名侦探徐不工，每天我一睡醒，身边就会发生各种谜题等待我去破解！

1970 年

阿波罗 13 号

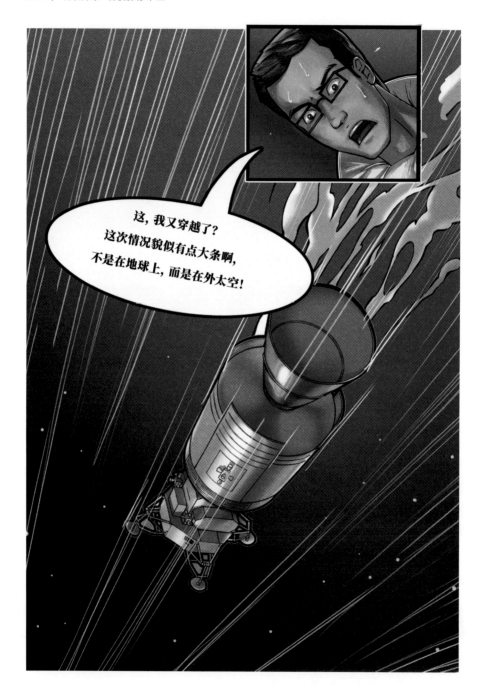

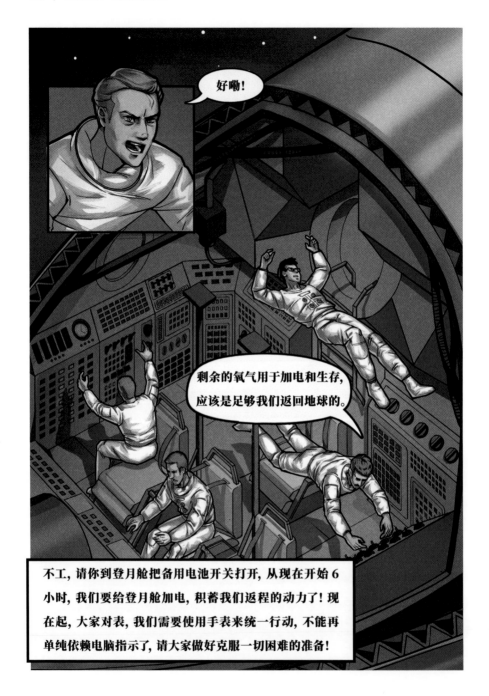

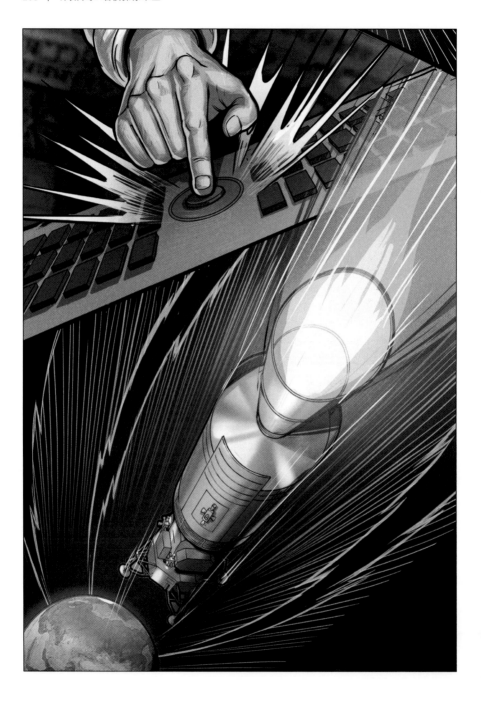

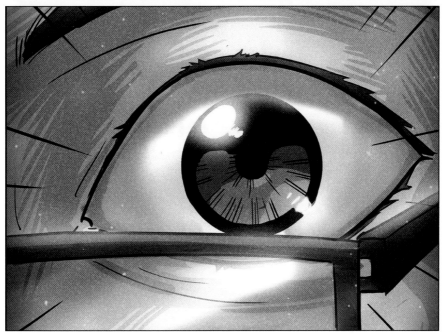

以下为
本事件真实历史

1970年4月10日，美国第三次登月任务开始，超霸系列腕表被戴在宇航员的腕间，随阿波罗13号飞船一起探索太空，向月球飞去。

1970年4月13日，当阿波罗13号飞行任务进行到第56个小时时，在一次例行的液氧罐通电搅拌动作之后，服务舱内损坏的二号液氧罐发生了爆炸。突然之间飞船上三名宇航员变得命悬一线。

后来大名鼎鼎的登月第二人——巴兹·奥尔德林搭乘双子星12号进入太空。

（小约翰·莱昂纳德·斯威格特）

小约翰·莱昂纳德·斯威格特，昵称"杰克"，阿波罗13号指令舱驾驶员。

（小詹姆斯·阿瑟·洛弗尔）

小詹姆斯·阿瑟·洛弗尔，昵称"吉姆"，阿波罗13号指令长。

1966年11月，洛弗尔曾作为指令长与

（小弗莱德·华莱士·海斯）

小弗莱德·华莱士·海斯，阿波罗13号登月舱驾驶员。

阿波罗飞行任务进行的第57~62小

时，美国宇航中心的地面控制中心做出了一系列至关重要的操作决策。

解决问题的第一步：为登月舱加电，将其变为宇航员返回地球的"生命之舟"。幸运的是，阿波罗13号飞船的登月舱中有很多氧气，加上一号罐中剩余的氧气，以及从指令舱电池系统中回收的部分氧气，加起来足以提供登月舱推动指令舱返回地球所需的电力。

同时，登月舱必须从指令舱的计算机中获得关于初始位置和航向的数据，这样它的推进系统和导航系统才能将宇航员们送回家。指令舱和登月舱内阿波罗导航计算机设备所使用的软件完全不同的问题，则由地面控制中心进行的精密测算并给出新的参数，得以解决。

4天后，阿波罗13号飞船绕过月球并朝着地球飞来。

在指令舱与登月舱分离后，宇航员们与地面暂时失去通信，在电子计时器也失灵的情况下，欧米茄超霸腕表充当了计时器的角色，宇航员依靠超霸腕表计算发动机的引燃时间，推动指令舱向地球前进，冲破大气层，最后安全返回地球。

从"双子星"计划开始，到宇宙飞船和太空空间站，超霸腕表共参与了人类六次登月任务，为其赢得"月球表"的传奇

美誉。直至今天，欧米茄依然是美国国家航空航天局授权参与太空探索的腕表品牌。

啊……案子破完好累呀！
我又困了，好吧，今天就这样吧。

END